Richard Rössler

Beiträge zur Anatomie der Phalangiden

Richard Rössler

Beiträge zur Anatomie der Phalangiden

ISBN/EAN: 9783743449787

Hergestellt in Europa, USA, Kanada, Australien, Japan

Cover: Foto ©berggeist007 / pixelio.de

Manufactured and distributed by brebook publishing software
(www.brebook.com)

Richard Rössler

Beiträge zur Anatomie der Phalangiden

BEITRÄGE

ZUR

ANATOMIE DER PHALANGIDEN.

INAUGURAL - DISSERTATION

ZUR ERLANGUNG DER DOKTORWÜRDE

DER

HOHEN PHILOSOPHISCHEN FAKULTÄT

DER

UNIVERSITÄT LEIPZIG

VORGELEGT VON

RICHARD RÖSSLER

AUS FREIBERG IN SACHSEN.

MIT ZWEI TAFELN.

LEIPZIG

WILHELM ENGELMANN

1882.

(Separat-Abdruck aus: Zeitschrift für wissensch. Zoologie. XXXVI. Band.)

Es sei mir vergönnt, an dieser Stelle meinem hochverehrten Lehrer,

Herrn

GEHEIMEN HOFRATH PROF. DR. LEUCKART

meinen herzlichsten Dank auszusprechen für die große Bereitwilligkeit und Liebenswürdigkeit, mit welcher er mir bei vorliegenden Untersuchungen mit Rath und That zur Seite gestanden hat.

Einleitung.

Den ersten Anstoß zu den vorliegenden Untersuchungen gab mir das bereits von TREVIRANUS beobachtete Vorkommen von Eiern auf dem Hoden von Phalangium und der Umstand, dass dieser Forscher eben so wenig wie die später sich mit der Anatomie der Phalangiden beschäftigenden Zoologen sich genügende Aufklärung über diese Abnormität verschaffen konnten.

Bei den in Folge dessen von mir vorgenommenen Zergliederungen von Phalangiden und dem Studium der einschlagenden Literatur gelangte ich nun aber bald zu der Überzeugung, dass viele Verhältnisse, sowohl in anatomischer, als in histologischer Beziehung noch einer eingehenderen Untersuchung bedurften, zumal mir zu jener Zeit die Arbeiten von PLATEAU (12) und BLANC (15), so wie die vorläufigen Mittheilungen von DE GRAAF (13) und LOMAN (14) noch nicht bekannt waren.

Ich untersuchte Individuen folgender Arten :

> Megabunus corniger Meade,
> Phalangium parietinum de Geer,
> Opilio albescens Koch,
> Leiobunus rotundus Latr.,
> Leiobunus longipes (Koch),
> Cerastoma cornutum Koch,

die ich nach der Monographie von MEADE (20) und dem Arachnidenwerke von HAHN und KOCH (18) bestimmte.

Bei der Determination, nur mit Zugrundelegung dieser Schriften, stößt man jedoch oft auf Schwierigkeiten, da die äußeren Merkmale, nach denen allein hier die Eintheilung erfolgt ist, nicht konstant sind, vielmehr oft nicht unbeträchtlich variiren. Daraus erklärt sich auch die Erscheinung, dass von den verschiedenen Systematikern oft Männchen und Weibchen einer Species und deren junge Thiere, die in Farbe und Zeichnung meist mit den ausgewachsenen differiren, mit verschiedenen Namen belegt wurden.

Eine wesentliche Vereinfachung wird die Bestimmung durch Berücksichtigung der inneren Theile, namentlich der Begattungswerkzeuge erfahren, die bei den verschiedenen Species leicht in die Augen fallende Unterschiede erkennen lassen. Hierbei kommt noch der Umstand in Betracht, dass, wenigstens bei lebenden Thieren, ein leichter Druck auf das Abdomen ein Vorstrecken des Geschlechtsapparates bewirkt und so eine weitere umständliche Prüfung erspart.

Vorzügliche Dienste bei der Untersuchung leistete mir die Schnittmethode, die besonders die Einsicht in den anatomischen Bau des Thieres wesentlich fördert und erleichtert. Wenn es auch vieler und zeitraubender Versuche bedurfte, ehe es mir glückte in allen Theilen vollständige Schnitte zu erhalten, so bin ich doch endlich und zwar auf ziemlich einfache Weise zum Ziele gelangt. Die besten Resultate erzielt man durch folgende Behandlungsweise der Objekte. Man tödtet die Thiere in kochendem Wasser und lässt durch mehrmaliges Aufwallen das Eiweiß in den Geweben koaguliren, bringt sie dann in 70° Alkohol und aus diesem in 90° und endlich in absoluten, bis alles Wasser aus dem Thiere entfernt ist. Sodann bettet man die Objekte in Seife ein. Ein zweimaliges Schmelzen und Wiedererstarrenlassen mit der Seife genügt, um sie vollständig von dieser durchdringen zu lassen. Zum Färben der Schnitte, das auf dem Objektträger erfolgen muss, wenn man vollständige Präparate erlangen will, bedient man sich am besten eines in absolutem Alkohol gelösten Färbemittels, da die Behandlung mit wässerigen Tinkturen und das dadurch bedingte öftere Auswaschen mit Wasser die Objekte zerstört. Ich habe auch versucht in Paraffin einzubetten, meist jedoch keine vollständigen Schnitte erzielt, da die Gewebe und namentlich die äußere Chitinhaut, in Folge der Behandlung mit Terpentin oder Nelkenöl, fast stets zu spröde wurden.

Als meine Untersuchungen bereits zum größten Theil abgeschlossen waren, gelangte die Arbeit Loman's, »Bijdrage tot de Anatomie der Phalangiden« in meine Hände, und durch dieselbe erhielt ich auch Kenntnis von den Untersuchungen von Blanc (15). Obgleich meine Beobachtungen völlig unabhängig von denen obengenannter Autoren angestellt wurden, bin ich in mancher Hinsicht zu denselben Resultaten gelangt, insonderheit wie Loman. Andererseits werfen sie aber auch einiges Licht auf die

Beschaffenheit von Organen, deren feinerer anatomischer Bau sich nur
auf Dünnschnitten genügend studiren lässt, welcher Methode sich meine
Vorgänger nur in Bezug auf einzelne Theile bedient zu haben scheinen.
Von den Arbeiten, auf die ich bei meinen Untersuchungen vornehm-
lich zurückgegriffen habe, seien folgende erwähnt:

a) Anatomischen Inhalts.

1. Treviranus, Abhandlungen über den inneren Bau der ungeflügelten Insekten.
   Vermischte Schriften. Bd. 1. 1816.
2. Ramdohr, Abhandlung über die Verdauungswerkzeuge der Insekten. 1809 bis
   1811.
3. Tulk, Upon the Anatomy of Phalangium Opilio. Ann. of Nat. Hist. 1843.
4. Lubbock, Notes on the generative organs in the Annulosa. Philos. Transactions
   1861.
5. Krohn, Über zwei Drüsensäcke im Cephalothorax der Phalangiden. Archiv für
   Naturgesch. 1867.
   —— Zur näheren Kenntnis der männlichen Zeugungsorgane von Phalangium.
   Archiv für Naturgesch. 1865.
6. Leydig, Über das Nervensystem der Afterspinne. Müller's Archiv. 1862.
7. v. Wittich, Die Entstehung des Arachnideneies im Eierstock. Müller's Archiv.
   1849.
8. Carus, Über die Entwicklung des Spinneneies. Zeitschr. f. w. Zool. 1850.
9. Ludwig, Über die Eibildung im Thierreiche. 1874.
10. Leuckart, Bau und Entwicklungsgeschichte der Pentastomen. 1860.
    —— and Wagner, Semen. Cyclopaedia of Anatomy and Physiology. Vol. IV.
11. Gegenbaur, Grundzüge der vergleichenden Anatomie.
12. Plateau, Sur les phénomènes de la digestion et sur la structure de l'appareil
    digestif chez les Phalangides. 1876.
13. de Graaf, Beiträge zur Kenntnis des anatomischen Baues der Geschlechtsorgane
    bei den Phalangiden. Zool. Anzeiger. 1880. Nr. 47.
14. Loman, Beiträge zur Kenntnis des anatomischen Baues der Geschlechtsorgane
    bei den Phalangiden. Zool. Anzeiger. 1880. Nr. 49.
    —— Bijdrage tot de Anatomie der Phalangiden. 1881.
15. Blanc, Anatomie et Physiologie de l'Appareil sexuel mâle des Phalangides. 1880.

b) Systematische Schriften.

16. Latreille, Histoire naturelle des Fourmis. 1802.
17. Hermann, Mémoire aptérologique. 1804.
18. Hahn und Koch, Die Arachniden, getreu nach der Natur abgebildet und be-
    schrieben. 1831—1849.
19. Menge, Über die Lebensweise der Afterspinnen. Schriften der Danziger Gesell-
    schaft. 1850.
20. Meade, Monograph on the British species of Phalangiidae. Annals of Nat. Hist.
    1855.

Die ersten Untersuchungen über die Afterspinne stellte zu Anfang dieses Jahrhunderts LATREILLE (16) an. Er beschränkte sich jedoch in der Hauptsache auf die Beschreibung äußerer Theile, wie der Fresswerkzeuge, der Stigmen, deren er vier zählte; auch gab er Notizen über die Geschlechtswerkzeuge unserer Thiere.

Nach ihm lieferte RAMDOHR (2) in seiner Abhandlung über die Verdauungswerkzeuge der Insekten eine Beschreibung und Abbildung des Darmkanales von Phalangium Opilio.

Die ersten ausführlichen Untersuchungen des anatomischen Baues der Phalangiden verdanken wir TREVIRANUS (1), der die inneren Organe mit großer Genauigkeit beschrieb, im Bezug auf die männlichen Geschlechtsorgane jedoch irriger Ansicht war, da er die accessorischen Drüsenbüschel des Penis für Hodenschläuche hielt.

Erst 30 Jahre später wurden die Untersuchungen über die Afterspinnen von TULK (3) wieder aufgenommen, der eine ausführliche Anatomie dieser Thiere gab, die namentlich in Hinsicht auf die Mundwerkzeuge an Genauigkeit nichts zu wünschen übrig lässt. Im Bezug auf die männlichen Geschlechtsorgane und die Anzahl der Augen stimmt er jedoch noch völlig mit TREVIRANUS überein.

Die auf diese folgenden Arbeiten sind geringeren Umfangs und behandeln nur die Anatomie einzelner Theile. So giebt LEYDIG (6) eine detaillirte Beschreibung des Nervensystems und der inneren Skeletplatte. LUBBOCK (4) weist nach, dass das im Abdomen gelegene, bereits von TREVIRANUS bemerkte Z-förmige Organ der Hoden ist. KROHN (5) veröffentlicht ausführliche Untersuchungen über den männlichen Geschlechtsapparat und seine accessorischen Drüsen, auch erwähnt er das Vorkommen von Eiern auf dem Hoden. In einer zweiten Abhandlung erklärt er die seither für Augen gehaltenen, kleinen Organe an den Seitenrändern des Cephalothorax für Drüsen. PLATEAU (12) behandelt in eingehender Weise die Anatomie und Physiologie des Verdauungsapparates und der MALPIGHI'schen Gefäße.

DE GRAAF (13) und LOMAN (14) geben vorläufige Mittheilungen über den Bau der Geschlechtsorgane, letzterer weist das Vorhandensein von Receptacula seminis im Ovipositor nach. BLANC (15) veröffentlicht, namentlich in Bezug auf die Keimdrüse, ausführliche Untersuchungen über die Anatomie und Physiologie des männlichen Geschlechtsapparates. Endlich behandelt LOMAN (14) in seinen Bijdrage den Verdauungstrakt und die Geschlechtsorgane der Phalangiden und giebt schätzenswerthe Aufschlüsse über den Verlauf und die Struktur der MALPIGHI'schen Gefäße.

Darmkanal.

Der Verdauungsapparat der Phalangiden setzt sich aus drei leicht unterscheidbaren Abschnitten zusammen: Einem vorderen, ziemlich engen Munddarm, einem centralen, sehr geräumigen Mitteldarm, in den eine große Anzahl Blindsäcke einmünden, und einem etwas kleineren Enddarm, der durch eine enge Röhre auf der Bauchseite des Thieres nach außen mündet.

a) Munddarm.

PLATEAU unterscheidet an ihm drei Abschnitte: »Une sorte de pharynx, une portion oesophagienne proprement dite, rélativement étroite, mais flexible au lieu d'avoir comme chez les Aranéides des parois rigides, une partie terminale renflée, faisant songer à un jabot, mais trop peu volumineuse pour mériter ce nom.« Ihre Struktur beschreibt er folgendermaßen: »Les parois transparentes comprennent une couche musculaire, une membrane propre, une couche épithéliale, une cuticule interne.« Mit diesen Beobachtungen stimme ich vollständig überein. Die ziemlich geräumige Mundhöhle, die fast durchgängig mit feinen Haaren ausgekleidet ist, setzt sich bis an die Basis des von TULK als Labrum bezeichneten Abschnittes fort, wo sie in einen engen, fast senkrecht aufsteigenden Kanal, den Pharynx, übergeht, der ungefähr in seiner Mitte eine leichte Einschnürung erkennen lässt. Die Cuticula dieses Theiles zeigt sechs, von PLATEAU »nervures longitudinales« genannte Verdickungen, die sich im Epipharynx zu dicken, dunkel pigmentirten Chitinplatten verbreitern, die nach dem Labrum zu schmäler werden (Phalang. pariet.). Diese Leisten tragen an ihrer äußeren Seite zahlreiche, in Reihen angeordnete Erhebungen, an deren zerfaserte Ausläufer sich die Erweiterungsmuskeln des Pharynx anheften, welche ihrerseits an dem, diesen ganzen Abschnitt kreisförmig umgebenden Chitinwall, einer Rückwärtsverlängerung des Epipharynx, inserirt sind (siehe Fig. 1).

Die Kontraktion des Pharynx wird durch eine Lage kräftig quergestreifter Ringmuskeln bewirkt, die sich zwischen den oben erwähnten äußeren Erhebungen der Längsleisten hindurchziehen.

Auf diesen, das Kaugeschäft besorgenden Abschnitt folgt der zweite, seiner Länge nach größte Theil des Munddarms, der eigentliche Oesophagus, der das centrale Nervensystem durchsetzt und mit einer leichten Anschwellung schließlich in den Mitteldarm übergeht. Er ist nur in seinem ersten Verlaufe mit einer Ringmuskelschicht bekleidet, die nach dem Gehirn zu immer schwächer wird und schließlich ganz verschwindet, um durch eine dünne Längsmuskellage ersetzt zu werden. Sein Lumen, das fast stets konstant bleibt, auch beim Passiren durch das Nervensystem, wird durch sechs Längsfalten, die aus einer glashellen Cuticula mit darunter liegender Zellenschicht bestehen, fast ganz ausgefüllt (siehe Fig. 2). Diese Falten, eine Fortsetzung der Leisten des Pharynx, erreichen ihre stärkste Entwicklung in dem angeschwollenen Endabschnitt des Oesophagus, dessen Tunica propria sich nach außen auf sich selbst zurückschlägt und schließlich in die des Mitteldarms übergeht.

Auf Schnitten entdeckte ich unterhalb des Oesophagus, vor seiner Durchbohrung des Nervensystems, einen größeren Komplex und zu seinen Seiten je einen kleineren von großen, runden Zellen mit deutlichem Kern und Spiralfaden, die ich für einzellige Drüsen halte. Sie würden den Speicheldrüsen, wie sie Leydig von den Insekten beschreibt, an die Seite zu stellen sein. Freilich muss ich den direkten Beweis dafür schuldig bleiben, da ich aus Mangel an frischem Material auf das Studium ihres feineren Baues verzichten musste; ich behalte mir jedoch weitere Mittheilungen darüber vor. Als indirekter Beweis für das Vorhandensein von Speicheldrüsen kann die Thatsache gelten, dass man in der Mundhöhle und am Munde der Phalangiden oft große Tropfen einer wasserhellen, sauer reagirenden Flüssigkeit antrifft, die höchst wahrscheinlich durch obige Drüsen secernirt sein dürfte.

b) Mitteldarm.

Der mittelste Abschnitt des Verdauungsapparates besteht aus einer ziemlich geräumigen, birnförmigen Tasche, die seitlich und oben von einer großen Zahl Blindsäcke bedeckt ist. Er ist in allen seinen Theilen mit einem Fettkörper bekleidet, der an der Unterseite des Mitteldarmes seine größte Stärke erreicht, auf den Blindsäcken aber am schwächsten entwickelt ist; außerdem ist seine Außenfläche von einem reich verzweigten Tracheennetze umsponnen. Die Blindsäcke münden durch fünf seitliche und eine vordere Öffnung jederseits (also im Ganzen durch zwölf, in den Centralkanal ein. Plateau zählt nur sechs, Loman hingegen acht Öffnungen: auf Längsschnitten konnte ich jedoch deutlich die oben angegebene Zahl beobachten.

Die Blindsäcke oder Coeca, die alle 30 die nämliche Struktur aufweisen, entbehren vollständig einer umhüllenden Muskelschicht. Sie bestehen aus einer dünnen Fettlage, einer Tunica propria und einem Epithel, von dem Plateau folgende Beschreibung giebt: »C'est un épithélium de la catégorie des épithéliums cylindriques, composé de grosses cellules les unes cylindriques à proprement parler, les autres tout à fait en masses à pédicule étroit, avec tous les passages entre ces deux états; celles de ces cellules qui se détachent prenant immédiatement la forme sphérique.

La membrane cellulaire est d'une délicatesse excessive et se rompt pour les moindres causes; j'ai assisté à la rupture spontanée des cellules répandant leur contenu de protoplasme et de granules.

La cavité des coecums contient un liquide où flottent de nombreuses cellules épithéliales détachées et une fine poussière de gouttelettes graisseuses et de granulations provenant de la rupture des cellules.«

Zu denselben Resultaten haben auch meine Beobachtungen geführt, die außer an frischen Exemplaren auch an Schnitten angestellt wurden. Die jüngsten Zellen sind die niedrigsten und sitzen noch mit breiter Basis auf. Sie entbehren vollständig der Fetttropfen, sind jedoch bereits mit granulirtem Protoplasma versehen. Wachsen sie, so füllen sie sich mit Fettkugeln, nehmen cylindrisch-kolbenförmige Gestalt an und schnüren sich an der Basis ein; sie sind dann, vorzüglich an ihren Enden, vollgepfropft mit Granulationen.

Zellen ohne jedes gekörnelte Protoplasma konnte ich bei ausgewachsenen Thieren nicht entdecken, eben so wenig die braunen, massigen Konkretionen, die Plateau im Blindsackepithel bei einigen Individuen konstatirt hat. Dieser Forscher begeht jedoch einen entschiedenen Irrthum, wenn er den Blindsäcken eine, auf dem Querschnitt sternförmig erscheinende Gestalt vindicirt, denn die Tunica propria derselben ist ohne die geringste Faltung. Plateau hat sich durch das kolbenförmige Epithel täuschen lassen, das in manchen Coeca eine so bedeutende Höhe erreicht, dass es das Lumen derselben fast vollständig ausfüllt (siehe Fig. 4).

Der Mitteldarm, dessen Tunica propria von einem Fettkörper mit darunter liegender, doppelter Muskelschicht bedeckt wird, ist ebenfalls mit einem Cylinderepithel ausgekleidet, das Plateau mit folgenden Worten beschreibt: »La surface interne de l'intestin moyen est veloutée, ordinairement blanche ou d'un blanc jaunâtre; le microscope y montre un bel épithélium de petites cellules cylindriques affectant quelque peu l'aspect de massues; elles sont réunis par touffes, sont fortement chargées de globules incolores ou jaunâtres d'une grande finesse, et contiennent un noyau clair décelable par l'acide acétique.«

Die Epithelzellen sind jedoch nicht alle von gleicher Größe, wie auch Loman bemerkt hat. Man beobachtet kleine mit dunkelkörnigem Protoplasma und größere, sich etwas nach innen vorwölbende, mit kugelig zusammengeballten, gelbbraunen Konkretionen, die der Innenfläche des

Mitteldarmes das gesprenkelte Aussehen verleihen. Alle sitzen jedoch der Tunica propria mit breiter Basis auf.

Die Zellen des Mitteldarmes lösen sich auch auf, wie die der Blindsäcke, jedoch in viel geringerer Anzahl und, wie mir scheint, viel seltener. Sie schnüren sich jedoch nicht ab, sondern die Zellmembran zerreißt und entleert ihren Inhalt; darunter bemerkt man bereits wieder die junge Zelle mit ihrer Membran (siehe Fig. 6).

Was die Formirung der Exkrementpatronen und ihre Umhüllung mit einer geschichteten Membran anbetrifft, so erfolgen diese bereits in dem letzten Abschnitt des Mitteldarmes, wovon ich mich auf Schnitten mit Bestimmtheit habe überzeugen können. Ich muss in dieser Hinsicht Ppateau beipflichten, entgegen der Meinung Loman's, der dem Mitteldarm eine derartige Funktion abspricht und sie dem Enddarm überweist.

c) Enddarm.

Der Enddarm ist ein ziemlich geräumiger, dünnwandiger Sack, der an Größe dem Mitteldarm wenig nachsteht. Unter dem sehr unbedeutenden Fettkörper liegt eine kräftig entwickelte Muskelhülle, die aus kontinuirlichen Ringmuskelfasern und dieselben rechtwinkelig kreuzenden Längsmuskelfasern besteht. Letztere verlaufen entweder einzeln oder sind zu zweien oder dreien aggregirt, auch sind sie auf der Unterseite des Darmes etwas dichter angehäuft. Unter der Muskelhülle findet sich eine zarte Tunica propria, die auf ihrer Innenfläche mit einem kleinzelligen Cylinderepithel ausgestattet ist, das eine durchschnittliche Höhe von 0,13 mm erreicht. Diese Epithelzellen, deren Protoplasma sich als außerordentlich feinkörnig erweist, sind eben so zu Gruppen (touffes) vereinigt, wie die Zellen des Mitteldarmes, nur sind sie sehr eng an einander gedrängt und in Folge dessen im frischen Zustand wenig deutlich. Der Enddarm steigt schief nach abwärts und liegt mit seinem vorderen Abschnitt über dem Mitteldarm, mit dem er durch einen ziemlich engen Kanal verbunden ist. Dieser Kanal wird dadurch gebildet, dass sich die Wandungen des Mittel- und Enddarmes in schräger Richtung nach innen einstülpen und sich gegenseitig so weit nähern, dass nur diese schmale, übrigens sehr dehnbare Öffnung übrig bleibt.

Der Ausführungsgang des Enddarms, der rings von Bindegewebe umgeben ist, senkt sich erst lothrecht und dann in schräger Richtung nach abwärts und ist in seinem oberen Abschnitt mit einer kräftigen Ringmuskulatur und darüber liegenden Längsfasern ausgestattet. Der andere Theil wird durch eine Einstülpung der äußeren Haut gebildet und weist in Folge dessen starke Chitinwandungen auf.

Malpighi'sche Gefäße.

Auf der Rückenseite unserer Thiere finden sich zwischen den kleinen, vorderen Blindsäcken zu beiden Seiten der mittleren Herzkammer, zwei eine Schlinge bildende Röhren, die sich schließlich zwischen den seitlichen Coeca verlieren. Sie waren von TREVIRANUS für Gallengefäße, von TULK sogar für Speicheldrüsen angesehen worden, ohne dass es jedoch diesen beiden Forschern gelungen wäre, sie in ihrem ganzen Verlaufe frei zu legen und bis zu ihrer Ausmündungsstelle zu verfolgen. PLATEAU, der dieselben einer erneuten Untersuchung unterwarf, erklärte sie für MALPIGHI'sche Gefäße, zumal sie seiner Meinung nach auf der Grenze zwischen Mittel- und Enddarm in den Verdauungsapparat einmünden, also einen analogen Verlauf nehmen sollten, wie die Sekretionsorgane der Insekten und Araneiden.

Nun glückte es mir aber nie bei der Durchmusterung von Querschnitten in der Nähe des, von PLATEAU als Ausmündungsstelle bezeichneten Ortes, Durchschnitte durch die MALPIGHI'schen Gefäße zu entdecken, sondern erst weiter vorn bemerkte ich solche zu beiden Seiten des Herzens und noch weiter nach dem Cephalothorax zu, zwischen den seitlichen Blindsäcken, eine größere Anzahl derselben dicht neben einander, was auf eine Verknäuelung der Röhren schließen ließ.

Diese Beobachtung bestimmte mich, den Verlauf der MALPIGHI'schen Gefäße einer eingehenden Prüfung zu unterziehen, die mir denn schließlich auch die Überzeugung verschaffte, dass dieselben gar nicht in den Darmkanal einmünden, sondern in zwei auf der Bauchseite des Thieres gelegene häutige Säcke.

Zu meiner Freude fand ich meine Beobachtungen in der gegen Ende Oktober dieses Jahres veröffentlichten Arbeit von LOMAN (14), der eine ausführliche Beschreibung der Exkretionsorgane der Phalangiden giebt, vollständig bestätigt.

Die Säcke liegen, wie bereits erwähnt, auf der Bauchseite unterhalb der seitlichen Blinddärme; an der Innenseite stets von dem Haupttracheenstamm begleitet, während sie außen von einem zelligen Organ bedeckt werden, auf das ich unten noch einmal zurückkommen werde. Die Säcke schmiegen sich innig an die sie umgebenden Organe an und zeigen in Folge dessen längsgefaltete Wandungen (siehe Fig. 7 und 8).

Sie beginnen zwischen den vierten und dritten Hüftgliedern und setzen sich vorn in einen Ausführungsgang fort von geringerem Durchmesser, der stets von den nämlichen, bereits oben bezeichneten Organen begleitet, bis in die Nähe der Stinkdrüse im Cephalothorax zu verfolgen war, wo er sich nach den Mundwerkzeugen herabsenkte, um dort wahrscheinlich nach außen zu münden. Im Bezug auf die Eruirung der Ausmündungsstelle bin ich leider nicht viel glücklicher gewesen als Loman, der den Gang bis in die Nähe des centralen Nervensystems verfolgen konnte, wo er sich zwischen den vielen, dort zusammentreffenden Muskelfasern verlor.

Was den feineren Bau der Malpighi'schen Gefäße und der Säcke anbetrifft, so stimme ich vollständig mit Loman überein, bis auf das Vorhandensein von Kernen in der Tunica propria, das mir fraglich erscheint. Sollte er vielleicht die Kerne der randständigen Epithelzellen, die in Folge der Dünne der Zellenlagen allerdings schmal und langgestreckt erscheinen, als zur Tunica propria gehörig betrachtet haben?

Die Malpighi'schen Röhren, deren Durchmesser zwischen 0,06 und 0,17 mm schwankt, bestehen aus einer ziemlich resistenten Membrana propria von 0,045 mm Dicke, die mit einer Schicht secernirender Zellen ausgekleidet ist, deren Höhe 0,016 mm beträgt. Es sind regelmäßig polyedrische Zellen, und zwar meist fünf- oder sechsseitig, von im Mittel 0,085 mm Größe, mit körnigem Protoplasma und ziemlich großen (0,015 bis 0,03 mm), grob granulirten Kernen. Diese Epithelzellen secerniren eine Flüssigkeit, die in den Röhren zu einer gelblichgrünen, körnigen Masse eintrocknet (auf Schnitten gut sichtbar).

Die Säcke, die bei Phal. pariet. z. B. 3,6 mm lang sind, bei einer größten Breite von 1 mm, besitzen im Allgemeinen dieselbe Struktur wie die Röhren, nur ist die Tunica propria viel zarter und die Zellenschicht dünner. Die Zellen messen nur 0,026—0,04 mm, ihre Kerne 0,009—0,014 mm. Sie sind zuweilen mit außerordentlich kleinen, länglichen Körperchen angefüllt, die im auffallenden Licht weiß erscheinen und eine zitternde Bewegung zeigen. Einige Male fand ich im äußersten, kolbigen Ende des Sackes einen weißen, flockigen Inhalt, der sich bei näherer Untersuchung aus den oben erwähnten kleinen Körperchen zusammengesetzt ergab. Dieselben müssen also auf irgend eine Weise aus dem Protoplasma der Epithelzellen, das sie zu erzeugen scheint, in das Lumen der Säcke gelangen. Loman fand letztere zuweilen mit einer wässerigen Flüssigkeit angefüllt, die beim Eintrocknen an der Luft kleine Krystalle zurückließ.

Die Präparation der Malpighi'schen Säcke erfolgt am besten von der Bauchseite aus, und zwar entfernt man zuerst die untere Chitindecke des dritten und vierten Hüftgliedes und ihre Muskelbündel und legt den Haupttracheenstamm bloß, an dessen Außenseite sie sich hinziehen. Meist sind ihre Wandungen schlaff und liegen platt auf einander; zuweilen trifft man sie jedoch auch mit einer Flüssigkeit angefüllt, so dass sie keulenförmige Gestalt annehmen und unschwer in die Augen fallen.

Ihr histologischer Bau wird deutlich, wenn man dem Wasser, in welchem man sie untersucht, einige Tropfen von der Augenflüssigkeit des Frosches zusetzt. Die Zellkerne treten dann gut hervor und auch die Zellgrenzen sind, mit scharfen Konturen allerdings nur in den Kanälen, wohl zu erkennen.

Geschlechtsorgane.

Die männlichen und die weiblichen Geschlechtsorgane lassen sich ihrer Anlage nach auf einen gemeinsamen Plan zurückführen, der namentlich bei sehr jungen Thieren noch deutlich hervortritt. Sie bestehen aus einer unpaaren, keimbereitenden Drüse von halbkreisförmiger Gestalt, die frei in der Leibeshöhle liegt und nur von einem reich verzweigten Tracheennetz umsponnen ist. Sie wird auf der Oberseite von dem Verdauungstrakt, unten von Bindegewebe bedeckt und setzt sich mit ihren, nach vorn gebogenen Enden in einen paarigen Leitungsapparat fort, der sich jedoch zu einem unpaaren Stück vereinigt und schließlich in der Medianlinie des Bauches, bei beiden Geschlechtern an der Grenze zwischen Cephalothorax und Abdomen, nach außen mündet.

Das Endstück dieses unpaaren Leitungsapparates steht mit einem Begattungsorgan in Verbindung, in dessen vorderen Abschnitt ein paar accessorischer Drüsenbüschel einmünden. Beim Männchen besteht dasselbe aus einem stabförmigen Penis, beim Weibchen aus einem cylindrischen Ovipositor mit Vagina, die jederseits mit einer Samentasche ausgestattet ist. Sie werden durch zwei Nervenstämme versorgt, die aus der Brustganglienmasse entspringen, in deren Nähe sie zu zwei Ganglien anschwellen. Ein zweites Ganglienpaar versorgt die Keimdrüse und den Leitungsapparat.

Die männlichen Organe

setzen sich zusammen aus einem unpaaren Hoden mit doppelten Vasa efferentia, einem unpaaren Vas deferens mit Propulsionsorgan und dem Begattungsglied mit einem Drüsenpaar.

Der Hoden ist ein einfaches, schlauchförmiges Gebilde von weißer Farbe, zuweilen mit Sinuositäten, das, reichlich von Tracheen umsponnen, frei in der Leibeshöhle liegt. Seine Länge beträgt ungefähr 4 mm bei einer durchschnittlichen Breite von 0,4 mm; er ist auch zur Zeit der Geschlechtsreife nicht sonderlich angeschwollen.

Die erste Beschreibung seines histologischen Baues gab KROHN (5), während in neuerer Zeit BLANC (15) ausführliche Untersuchungen darüber veröffentlichte, denen ich Folgendes entlehne: Der Hoden wird von einer zarten Tunica propria bedeckt, die aus regelmäßig polygonalen Pflasterepithelzellen zusammengesetzt ist. Unmittelbar darunter liegt das Keimlager (épithélium germinatif), das aus polygonalen, zu Gruppen vereinigten Epithelzellen (cellules de reserve ou cellules folliculaires) und dazwischenliegenden, kleineren, rundeu Zellen (cellules-mères ou spermatoblastes) besteht. Der Kern der Mutterzellen theilt sich bei der Entwicklung in 2, 4 etc. Theile, um die sich das Protoplasma gruppirt und so neue Zellen (cellules-filles) bildet, die zu 20 bis 30 in ihrer ovalen Cyste eingeschlossen liegen. Ihre Kerne sind sehr groß und haben einen kleinen, glänzenden Nucleolus. Der Kerninhalt ballt sich nun zusammen und formt ein hufeisenförmiges Gebilde, das nach und nach in acht Theile zerbricht, um die sich nach Resorption der Kernmembran das Protoplasma der Tochterzelle gruppirt und neue Zellen bildet, die BLANC cellules spermatiques nennt. Diese werden schließlich zu Spermatozoen und gelangen nach dem Bersten der Membran der Mutterzelle in den Hoden und die Vasa efferentia.

Die Spermatozoen sind nach BLANC 0,003 mm große, biconvexe, runde Zellen mit linsenförmigem Kern, denen er jede eigene Bewegung abspricht. Ich glaube jedoch, ihnen eine (moleculare?) Bewegung vindiciren zu müssen. Sie wird namentlich deutlich an Stellen, wo die Samenelemente nicht so dicht gedrängt liegen und sich gegenseitig an der Bewegung hindern. Sprengt man z. B. die Wandung des Vas deferens und lässt die Spermatozoen in die umgebende Untersuchungsflüssigkeit heraustreten, so nimmt man deutlich eine zitternde Bewegung war. Es würde sich auch sonst schwer erklären lassen, wie sie ohne eine solche die ziemlich langen und stark geknäuelten Vasa efferentia, die eines jeden Muskelbelags entbehren, passiren könnten.

Der Kern der Spermatozoen scheint mir mehr eine kahnförmige als eine biconvexe Gestalt zu besitzen.

Was das Vorkommen von Eiern auf dem Testis betrifft, das BLANC als einen hermaphroditisme rudimentaire bezeichnet, so glaube ich, in Übereinstimmung mit LOMAN, dasselbe eher für eine pathologische Erscheinung erklären zu müssen. Von circa 60 Individuen aller Entwicklungsstadien, die ich darauf hin untersuchte, fand ich nur bei zweien Eier auf dem Hoden, und zwar bei einem Phalangium parietinum und einem Opilio albescens. Dieses außerordentlich seltene Vorkommen spricht doch sicher dafür, dass man es hier mit einer Abnormität und nicht mit einer hermaphroditischen Ausbildung der Keimdrüse zu thun hat.

Vasa efferentia. Die beiden Enden des Hodens nehmen plötzlich

an Durchmesser ab und setzen sich in zwei feine Kanäle, Vasa efferentia
fort, die eine kurze Strecke geradeaus verlaufen, dann, den Haupttracheenstamm von außen nach innen umwindend, sich nach der Medianlinie des Körpers hinziehen, wo sie sich zu einem dichten Knäuel
zusammenballen und sich schließlich zu dem unpaaren, ebenfalls noch
geknäuelten Vas deferens vereinigen. Dieser Knäuel, der innig mit den
accessorischen Drüsenbüscheln des Penis, so wie mit Tracheen und
Bindegewebe verwebt ist, liegt auf der Oberseite des Penis an dessen
vorderem Ende. Er ist es, der von älteren Forschern, wie Treviranus,
Tulk, für den Hoden gehalten wurde.

Was die histologische Struktur der Vasa efferentia anbetrifft, so bestehen sie aus einer Tunica propria, die aus polygonalen Pflasterepithelzellen [1] von 0,02—0,03 mm Größe zusammengesetzt ist, und einem
darunter liegenden Cylinderepithelium. Die Zellen des letzteren sind im
Knäuel etwas größer, als in der Nähe des Hodens und erscheinen als
große Gebilde (0,026—0,055 mm) von fast runder Gestalt mit bläschen-
förmigem Kern (0,007—0,018 mm), die durch gegenseitigen Druck etwas
abgeplattet sind. Das Protoplasma erscheint leicht getrübt, aber nicht
granulirt.

Das Lumen der Vasa efferentia im Knäuel und des Vas deferens ist
bei geschlechtsreifen Thieren von einer großen Anzahl runder Zellen erfüllt, die den Samenelementen beigemischt sind und deren Größe zwischen 0,015 und 0,03 mm schwankt. Sie sind mit hellen, runden
Tropfen angefüllt, die in den kleinen Zellen am größten, in den großen
Zellen dagegen am zahlreichsten, aber kleinsten erscheinen. Ob und
wie diese Zellen mit dem Cylinderepithel in Verbindung zu bringen
sind, wage ich nicht zu entscheiden. Wahrscheinlich dienen die in
ihnen enthaltenen Tropfen, die nach dem Bersten der Zellmembran sich
dem Sperma beimischen, als Ernährungsflüssigkeit desselben.

Die Vasa efferentia vereinigen sich, wie bereits bemerkt, zu einem
Vas deferens, das aus dem Knäuel heraustretend, sich längs des Penis
hinzieht und kurz vor dem Eintritt in denselben zu einem eigenthümlichen, walzenförmigen Organ anschwillt, auf das ich unten noch einmal
zurückkommen werde. Dieser letzte Theil des Vas deferens, der bei
Phalangium parietinum und Megabunus corniger etwas anschwillt, ist
mit einer Ringmuskelschicht versehen, die nach dem obigen Organ zu
stärker wird und unmittelbar vor diesem auf eine Länge von 0,7 mm
von einer zweiten Muskelschicht unterlagert ist, die sich aus ungefähr
neun Faserbündeln von 0,04 mm Stärke zusammensetzt und unmittelbar der Tunica propria aufliegt.

[1] cf. Blanc, l. c.

Propulsionsorgan. Das oben erwähnte, walzenförmige Gebilde, das bei den verschiedenen Species eine differente Gestalt und Größe zeigt, besteht aus einer dicken Muscularis, die von starken, kräftig quergestreiften Fasern gebildet wird, einer Tunica propria mit darunter liegendem Epithelium, das eine dicke Chitinschicht secernirt hat, und ist nichts als ein modificirter Abschnitt des Vas deferens.

Die Tunica propria des letzteren erweitert sich beim Eintritt in dieses Organ spindelförmig und verengert ihr Lumen dann wieder, so dass es am vorderen Ende des Bulbus sein Minimum erreicht. Die Epithelschicht, die im Vas deferens eine Höhe [1] von 0,04 mm hatte, wird niedriger (0,03 mm) und zu einer chitinogenen. Ihre Zellen liegen außerordentlich dicht an einander gedrängt und sind nur 0,006 mm groß. Sie haben eine Chitinschicht von 0,045 mm Dicke secernirt, die ein Lumen von 0,023 mm einschließt, das also bedeutend geringer ist, als das des vorhergehenden Theiles des Vas deferens (mit 0,14 mm Weite). Die Chitinschicht füllt den, von der Tunica und dem Epithel beschriebenen, spindelförmigen Raum vollständig aus, ohne jedoch selbst einen solchen einzuschließen, denn ihre inneren Wandungen verlaufen geradlinig. Nur bei Leiobunus findet sich eine becherförmige Auftreibung des Lumens, auch ist bei dieser Gattung die chitinogene Zellenlage vollständig rückgebildet.

Bei seinem Austritt aus diesem walzenförmigen Organ wird das Vas deferens nur von einem sehr dünnen Kanal (0,005 mm) gebildet, der den Penis in seiner ganzen Länge durchsetzt und an der Spitze der Eichel, resp. des an ihr befindlichen Hakens, nach außen mündet. Dieser enge Kanal, der als Ductus ejaculatorius bezeichnet wird, ist mit einer Chitinschicht ausgekleidet, während die chitinogene Membran meist rückgebildet ist und nur noch in der Eichel als solche zu erkennen ist, wo sie eine Stärke von 0,005 mm aufweist (Phal. pariet.).

Was nun die physiologische Funktion des walzenförmigen Abschnittes des Vas deferens anbetrifft, so weist die Entwicklung seiner Muscularis doch sicher darauf hin, dass sie bestimmt ist, eine Masse fortzubewegen. Erwägt man ferner, dass das enge Lumen des Ductus ejaculatorius der Fortbewegung des Sperma ziemliche Hindernisse in den Weg legt, so wird man wohl nicht irren, wenn man diesen Apparat als einen Bulbus ejaculatorius, als Propulsionsorgan in Anspruch nimmt, der durch seine Kontraktion das Sperma durch den Ductus nach außen befördert.

Der Penis, der von der Sternalplatte bedeckt, auf der Bauchseite

---

[1] Die Maße sind von Phal. pariet. entnommen.

des Körpers liegt, besteht aus zwei Theilen, einem Peniskörper und einer beweglich damit verbundenen Eichel. Beide sind von fester, zäher Beschaffenheit und ziemlicher Widerstandsfähigkeit und bestehen aus Chitin. Der Peniskörper ist stabförmig, schwach nach aufwärts gebogen und am hinteren Ende verdickt. Nach vorn zu wird er jedoch schmäler und ist auf der oberen, meist abgeplatteten Seite zuweilen mit einer Rinne versehen, die nach vorn zu verläuft und in eine Firste übergeht (Phal. pariet.). Hinten findet sich auf der Oberseite ein runder Ausschnitt in der Wandung, durch den das Vas deferens in den Penis eintritt. Merkwürdigerweise ist diese Öffnung bei den Leiobunusarten der Bauchseite zugekehrt.

Das vordere Ende des Peniskörpers ist gewöhnlich schwach verdickt und bei einigen Arten mit einem Plattenapparat ausgestattet, der jedoch auch fehlen kann (Megabunus corniger). Der Peniskörper ist von gelber Farbe und im Allgemeinen pigmentlos, nur bei Opilio albescens ist das vordere verdickte Ende sehr dunkel gefärbt. Die Chitinwandung desselben, die an der Basis am schwächsten ist, wird nach vorn zu allmählich stärker und ist durchgängig von äußerst feinen Kanälchen durchbohrt, die senkrecht zur Wandung verlaufen. Von Abstand zu Abstand stößt man auf Kanäle mit weiterem Lumen, welche die Chitinmembran in schräger Richtung durchsetzen und mit deutlicher, runder Öffnung auf der Oberfläche derselben ausmünden. Sie scheinen mir als Poren zu funktioniren. Die chitinogene Matrix des Peniskörpers ist vollständig rückgebildet.

Die Eichel ist ein seitlich komprimirtes, mit kolbiger Basis versehenes Organ mit theilweise sehr starken Wandungen, das mit Hilfe eines Charniergelenkes dem Peniskörper beweglich eingefügt ist. Sie ist mit einem dunkel pigmentirten, ebenfalls beweglichen Haken ausgestattet, an dessen Spitze der Ductus ejaculatorius, der Peniskörper und Eichel durchsetzt, nach außen mündet. Im Zustande der Ruhe ist die Eichel nach der Oberseite des Peniskörpers hin zurückgeschlagen. Sie kann jedoch vermittelst eines kräftigen, an der Basis und den Seitenrändern des Penis inserirten Muskels aufgerichtet werden. Dieser Muskel verjüngt sich nach vorn zu und geht in eine starke Sehne über, die, auf der Bauchseite des Peniskörpers hinstreichend, vorn nach außen tritt und den Kopf der Eichel von oben kappenförmig umfasst. Dass sich Fasern dieses Muskels an der Wandung des Ductus ejaculatorius inseriren sollen, wie Blanc meint, kommt mir doch etwas unwahrscheinlich vor.

Ein wesentlich anderer Bau und andere Verbindungsweise zwischen Penis und Eichel findet sich bei dem Genus Leiobunus. Hier erscheint die Eichel als einfache Verlängerung des Peniskörpers, die an der Basis nur schwach verdickt ist, so dass sie die Gestalt eines Lanzeneisens annimmt (Leiob. rot.), oder sie ist schwach nach der Bauchseite geschwungen (Leiob. longipes). Ein eigentliches Charniergelenk fehlt, jedoch sind die Wandungen auf der, der Insertion der Sehne entgegengesetzten Seite nicht kontinuirlich, sondern zeigen eine leichte Einknickung. Auf jeden Fall gestattet diese Art der Verbindung der Eichel nur sehr unbedeutende Exkursionen. Auch fehlt bei den Leiobunusarten der bewegliche, dunkel pigmentirte Haken; hier zieht sich die Eichel in eine einfache Spitze aus.

Die Wandungen der Eichel weisen dieselben schief verlaufenden Kanälchen auf, wie die des Peniskörpers, nur stehen dieselben mehr in regelmäßiger Anordnung und auch dichter bei einander.

In der Nähe der Eichelspitze finden sich jederseits zwei farblose Borsten mit breiter Tuberkel, die nach LOMAN beim Coitus ein zu weites Eindringen des Penis in den weiblichen Apparat verhindern sollen.

In seltenen Fällen sind die Platten, die bei Phal. pariet. z. B. den vorderen Theil des Peniskörpers bedecken, auf die Eichel translocirt, wie bei Opilio albescens (Fig. 9).

Auf dem Penis der Leiobunusarten befindet sich ein eigenthümlicher Apparat, der sich von der Mitte desselben bis zur Eichel hin erstreckt. Er besteht aus zwei in der Medianlinie auf der Unterseite des Penis zusammenstoßenden Taschen, deren Wände aus Chitin bestehen. Diese Wandungen sind auf der Rückenseite des Penis mit diesem in Verbindung, beschreiben, allmählich schwächer werdend, einen Bogen nach der Bauchseite hin, wo sie sich in mehrere Längsfalten legen und schließlich in sich selbst zurücklaufen (siehe Querschnitte Fig. 10 und 11). Diese Taschen sind in den meisten Fällen mit gelblichen Konkretionen gefüllt, die das Licht ziemlich stark brechen (in konservirtem Zustand).

BLANC, der diesen eigenthümlichen Apparat auch gesehen hat, hält ihn für eine accessorische Drüse des Penis und schreibt seinem Inhalt eine eiweißartige Konstitution zu.

Ich kann mich jedoch mit dieser Ansicht BLANC's nicht befreunden, da meiner Meinung nach zum Nachweis einer Drüse noch mehr gehört, als die bloße Anwesenheit einer eiweißartigen Masse innerhalb einer Chitinmembran, und ich auch auf Schnitten nie die Spur eines Epithels entdecken konnte.

Ich betrachte diese Taschen einfach als Reservoir für das Sekret der accessorischen Penisdrüsen, auf die ich unten noch einmal zurückkommen werde, und die gerade bei Leiobunus außerordentlich stark entwickelt sind.

Zum Zwecke der Befestigung und zum Schutze ist das männliche Kopulationsorgan von einer doppelten Scheide umhüllt. Die innere Penisscheide besteht aus einer lederartigen Chitinmembran, die mit der Basis des Peniskörpers so verwachsen ist, dass man sie als eine, auf sich selbst zurückgeschlagene Fortsetzung desselben betrachten kann. Sie wird im Allgemeinen seitlich von zwei Chitinstäben gestützt, die am hinteren Ende des Penis ihren Ursprung nehmen, nach vorn zu stärker, sodann jedoch wieder schwächer werden und sich schließlich hakenartig nach außen umbiegen, um sich an den Seitenrändern der Sternalplatte zu inseriren.

Zwischen diesen beiden Chitinstäben spannt sich nun auf der Ober- und Unterseite des Penis eine Membran von wechselnder Stärke aus, die dem Penis zuweilen glatt anliegt, meist jedoch in die komplicirtesten und mannigfachsten Längsfalten gelegt ist, die sich für die Beschreibung mit Worten nicht eignen, in deren Bau jedoch die beigefügten Zeichnungen von Querschnitten einen deutlichen Einblick gewähren.

Auf der Unterseite ist diese Membran mit dem vorderen Rand der Sternalplatte verschmolzen, oben endet sie mit einem freien Rand, über den die Eichel in der Ruhelage zurückgeschlagen ist.

Die Form und Zahl der oben erwähnten Chitinstäbe erleidet bei den verschiedenen Species bedeutende Veränderungen. Bei Megabunus corniger sind sie am stärksten entwickelt und zwar haben sie hier eine rinnenförmige Gestalt. Bei Opilio albescens erscheinen sie ziemlich schwach, liegen jedoch noch zu Seiten des Penis, während sie bei Leiobunus rotundus unter denselben hinabrücken und sich auch hinsichtlich ihrer Stärke wenig von der Chitinmembran selbst unterscheiden. Bei Phalangium parietinum sind sie plattenförmig und in der Dreizahl vorhanden; die dritte Platte, die den Penis von oben bedeckt, verläuft jedoch nach vorn. Textur der Membran siehe Fig. 17.

Diese innere Chitinhülle wird von einer zweiten, äußeren Scheide bedeckt, die von allen bisherigen Beobachtern übersehen worden ist. Sie zeigt im Wesentlichen dieselben Konturen, wie erstere, nur sind dieselben einfacher und weniger mannigfaltig. Sie besteht aus Bindegewebe und ist unten mit der Basis des Penis verschmolzen, vorn endet sie eben so wie die darunter liegende Chitinhülle, nur wird sie außerdem durch zwei seitliche Muskelbündel festgehalten, die sich an den Seitenrändern der Sternalplatte inseriren. Vielleicht ist sie die rückgebildete chitinogene Membran der darunter liegenden Chitinschicht.

Eine dritte, wenigstens theilweise Umhüllung des Penis, die jedoch nicht mehr als Scheide in Anspruch zu nehmen ist, wird durch eine Muskelschicht hervorgebracht, die sich aus zahlreichen, kräftig quergestreiften Längsmuskelfasern zusammensetzt. Dieselben inseriren sich an der Basis des Penis an den Chitinstäben der inneren Scheide und bestehen gewissermaßen aus zwei Rinnen, die sich von den Seiten her um den Penis herumlegen und in der Medianlinie zusammenstoßen. Nachdem diese Fasern auf der hinteren Hälfte des Penis geradeaus verlaufen sind, divergiren sie plötzlich nach außen und vereinigen sich zu zwei separaten Muskeln, die sich an den Seiten der Sternalplatte dicht hinter den Befestigungsmuskeln der äußeren Penisscheide inseriren. Einige wenige Faserbündel divergiren jedoch nicht mit, sondern laufen geradeaus und fixiren sich in der Nähe der oben erwähnten Chitinhaken.

Diese Muskeln sind bereits von BLANC und mit Recht als Protraktoren in Anspruch genommen worden.

Wenn man bedenkt, dass die Chitinstäbe in der Penisscheide dem Umstülpen derselben, das doch bei der Expulsion des Penis nothwendigerweise erfolgen muss, ein bedeutendes Hindernis entgegensetzen, und wenn man weiter erwägt, dass die Kontraktion der schwachen Hautmuskulatur, die eine Verengerung der Leibeshöhle und so einen von hinten nach vorn auf den Penis wirkenden Druck herbeiführt, kaum im Stande ist, den vorliegenden Widerstand zu überwinden, so hat es sicher seine Berechtigung, wenn die obigen Muskeln als Protraktoren bezeichnet werden.

Eine etwas andere Befestigung, als die eben beschriebene, weisen die Protraktoren bei Leiobunus auf; hier inseriren sich dieselben an einer nach innen eingeschlagenen Falte der inneren Chitinscheide (siehe Fig. 12). Von BLANC ist diese Falte, die allerdings von oben gesehen, wie ein S-förmig geschwungener Stab erscheint, als allgemein vorhanden hingestellt worden. Sie kommt jedoch nur den Leiobunusarten zu und fehlt z. B. bei Phalangium parietinum vollständig.

Die Fasern der Protraktormuskeln stehen in Verbindung mit denen der Retraktoren, die sich, wie bekannt, am vorletzten Abdominalsegment inseriren.

Was die Kopulation, die ich übrigens oft gesehen habe, und die dadurch bedingte Lagenveränderung der Begattungsorgane und Scheiden betrifft, so kann ich dieselbe füglich übergehen, da sie bereits oft beschrieben worden ist.

Die accessorischen Drüsen, die in den vorderen Abschnitt der Penisscheide einmünden und von deren Bau KROHN (5) eine genaue Beschreibung geliefert hat, zeigen bei den einzelnen, von mir untersuchten Arten dieselbe Struktur; nur bei Leiobunus konnte ich, auch im Hauptgang, keinen Spiralfaden entdecken. Vom Centralgang zweigen sich hier außerordentlich zahlreiche Nebenkanälchen in die Zellenschicht ab, die ihrerseits selten und dann nur sehr kurze Ausläufer entsenden. Ich halte diese Drüsen für Schmierdrüsen, deren Sekret die den Penis umhüllende Chitinscheide und ihre Stäbe geschmeidig zu erhalten hat, damit dieselben der Umstülpung bei der Kopulation nicht zu großen Widerstand entgegenstellen.

Systematisches.

Unter dieser Rubrik werde ich eine kurze Beschreibung des Penis. der Eichel und des Propulsionsorgans geben, da dieselben zum Theil gute Anhaltepunkte für die Determination liefern.

a) Phalangium parietinum de Geer.

Penis schwach aufwärts gebogen, Oberseite eingedrückt bis flach konkav. Die Platten an der Spitze des Peniskörpers sind sehr stark konkav und mit den nach oben gebogenen Seitenrändern desselben verwachsen (siehe Querschnitt Fig. 18). Länge des Penis 4—4,5 mm.

Eichel an der Spitze seitlich komprimirt. Die Sehne theilt sich bei der Insertion in zwei Äste. Länge 0,55 mm.

Propulsionsorgan walzenförmig, nach dem Penis zu schwach anschwellend. Länge 1,2 mm.

b) Megabunus corniger Meade.

Penis flaschenförmig, hinten kolbig angeschwollen, jedoch schnell an Durchmesser abnehmend. Ohne Ausschnitt an der Basis. Spitze des Peniskörpers ohne Platten (Querschnitt siehe Fig. 13). Länge des Penis 3 mm.

Eichel lang und schmal, Oberseite schwach konkav, untere konvex; Haken halb so lang als die Eichel. Länge 0,55 mm.

Propulsionsorgan wurstförmig ohne zugespitzte Enden, nach dem Penis zu etwas schwächer. Länge 1 mm, größte Breite 0,3 mm.

c) Opilio albescens Koch.

Scheint eine Varietät von Phalangium urnigerum Meade zu sein. Penis drehrund, nach vorn sich abplattend (cirund). Basis mit doppeltem Ausschnitt. Vorderes Ende des Peniskörpers verdickt und dunkel pigmentirt. Länge 3,7—4 mm.

Eichel oben plan, Unterseite schwach konkav, nach der Spitze zu nur wenig an Höhe abnehmend. Mit zwei Chitinbacken ausgestattet, die sich an der Rückenseite der Eichel inseriren, über die Seitenflächen derselben herumschlagen und noch über sie hinausragen. Sie sind durch eine Anzahl in einem Punkte zusammenlaufender Chitinstäbe gesteift (siehe Fig. 9). Länge der Eichel 0,58 mm.

Propulsionsorgan nach dem Penis zu sich verjüngend. Die kugelige Auftreibung der Chitinschicht außen zerfasert. Länge 4,4 mm, größte Breite 0,65 mm.

Penisscheiden sehr einfach gebaut, platt auf einander liegend (Fig. 16).

d) Leiobunus rotundus Latr.

Penis speerförmig, von oben und unten zusammengedrückt, mit geradlinig verlaufenden Seitenrändern. Ausschnitt der Basis dem Bauche zugekehrt. Länge 3,3 mm incl. Eichel.

Eichel geradlinige Fortsetzung des Penis, ähnlich dem Eisen einer Lanze, zieht sich in eine einfache Spitze aus, also ohne Haken.

Propulsionsorgan außerordentlich lang gestreckt, nach dem Penis zu sich verjüngend. Länge 2 mm.

e) Leiobunus longipes.

Von Koch Phalangium longipes genannt.

Penis schwach gebogen mit flachem Ausschnitt an der Basis, der dem Bauche zugekehrt ist. Länge des Penis mit Eichel 4 mm.

Eichel mit mehrmals geschwungenen Konturen, schwach nach abwärts gebogen, zieht sich in eine geradeaus verlaufende Spitze aus. Länge 0,75 mm.

Propulsionsorgan langgestreckt wie bei Leiob. rot., jedoch dicker. Länge 2 mm.

f) Cerastoma cornutum Koch.

Penis sehr kräftig, hinten kolbig verdickt, schwach gebogen. Das vordere Drittel bedeutend dünner, die Wandung erleidet dort auf der Oberseite eine plötzliche Einbiegung. Länge 4,5 mm.

Eichel. Oberseite plan, untere sehr stark konvex mit dicken Wandungen. Länge 0,75 mm, größte Breite 0,24 mm.

Propulsionsorgan dünn walzenförmig, nach dem Penis zu sich verjüngend. Länge 4,6 mm.

Die weiblichen Organe

nehmen dieselbe Lage im Körper des Thieres ein, wie die männlichen. Sie bestehen aus einem Ovarium mit paarigen Ovidukten, einem unpaaren Uterus mit Scheide, deren Endabschnitt mit einer als Ovipositor fungirenden Chitinhülle umgeben und mit paarigen Samentaschen und zwei accessorischen Drüsenbüscheln ausgerüstet ist.

Das Ovarium, von hufeisenförmiger Gestalt, liegt auf der Unterseite des Leibes, frei im Abdomen. Es wird oben von der Verdauungskavität, auf der Unterseite von Bindegewebe bedeckt und den Retraktoren des Ovipositor überbrückt. Im unausgebildeten Zustande ist es eine zarte, weiße, reich von Tracheen umsponnene Röhre, deren Wandung von einer strukturlosen Membrana propria gebildet wird, welche innen mit einem Epithelium ausgekleidet ist. Die Zellen desselben sind scharf konturirt und zeigen je nach ihrer Entwicklung verschiedene Größe; die kleinsten, die ich maß, waren 0,016 mm groß mit einem Kern von 0,005 mm.

Einen Muskelbelag von Quer- und Längsmuskelfasern, wie ihn Loman auf der Tunica propria sehr junger Thiere beobachtet hat, habe ich nicht entdecken können. Eben so wenig konnte ich eine zweite, dem Keimepithel ähnliche, aber von ihm verschiedene Zellenlage zwischen letzterem und der Tunica propria auffinden.

Im reifen Zustande, bei ausgebildeten Thieren, erscheint das Ovarium mit einer beträchtlichen Anzahl Follikel besetzt, große und kleine bunt durch einander. Diese Follikel, die als Ausstülpungen der Tunica propria zu betrachten sind, enthalten alle ein mehr oder weniger entwickeltes Ei. Die größten derselben finden sich an den Seitenrändern des Ovariums, wesshalb dasselbe auch ein abgeplattet bandartiges Aussehen erhält. Ich maß bei einem ausgewachsenen Phalangium parietinum einen Eierstock von 12 mm Länge, bei einer durchschnittlichen Breite von 0,75 mm.

Die Eier gelangen noch ziemlich klein in den Uterus, wo sie ihre Ausbildung und definitive Größe erreichen.

Die Entwicklung derselben erfolgt aus den Epithelzellen, die demnach als Eizellen zu betrachten sind, und hängt innig mit der Bildung der Follikel zusammen. Den genetischen Zusammenhang zwischen dem in dem Follikel enthaltenen Eikeim und der ursprünglichen Epithelzelle habe ich leider nicht aufklären können; jedoch scheint mir der Eintritt in den Follikel ziemlich spät zu erfolgen, nachdem die Entwicklung der Epithelzelle bereits weit vorgeschritten ist, denn selbst in den kleinsten follikulären Ausstülpungen war ein deutliches Keimbläschen mit Kernkörperchen zu erkennen. Das Bläschen ist von einer eiweißartigen Substanz umgeben, die an der Peripherie desselben körnig getrübt erscheint.

Bei Opilio albescens enthielt fast jedes Ei, bereits in einem frühen Stadium der Entwicklung, mehrere Keimflecke und zwar bis acht, von denen zwei oder drei sich durch besondere Größe auszeichneten.

Der Follikel sammt Inhalt wächst nun und nimmt oblonge Gestalt an, bis auch schließlich die Bildung einer Eihaut, wie mir scheint, von außen her, erfolgt. Bei den am weitesten entwickelten Eiern tritt das Keimbläschen sehr zurück, um so mehr hebt sich aber der mit stark lichtbrechendem Inhalt erfüllte Keimfleck hervor.

Einen Dotterkern konnte ich, eben so wenig wie Loman, weder in den Eiern des Ovariums, noch in denen des Testis entdecken. Über die Art und Weise wie die reifen Eier aus dem Follikel in das Lumen des Ovariums und den Ovidukt gelangen, wage ich mir kein Urtheil zu fällen. Für die Phalangiden scheint mir jedoch die Ansicht Leuckart's, nach der die reifen Eier durch Kontraktion der Follikelwandungen allmählich in das Lumen des Ovariums gedrückt werden, vor der von Carus den Vorzug zu verdienen, da das Ovarium einer zweiten Hülle entbehrt. Ein einziges Mal beobachtete ich ein Ovarium von Opilio albescens, das von einer zweiten, mit sich rechtwinklig kreuzenden Muskelfasern ausgestatteten Membran umhüllt war, jedoch stand dieselbe nicht in direktem Zusammenhang mit den Ovidukten.

Das Ovarium setzt sich nicht unmittelbar in die Eileiter fort, sondern entsendet jederseits zwei Röhren von geringerem Querschnitt, welche noch ganz denselben Bau zeigen, wie das Ovarium, meist jedoch der Besetzung mit Eiern entbehren. Sie zeigen den nämlichen Verlauf, wie die Ausführungsgänge des Hodens, setzen sich also eine Strecke lang in gerader Richtung fort, steigen dann schief nach aufwärts, den Haupttracheenstamm von außen nach innen umwindend, und ziehen sich schließlich nach der Medianlinie des Körpers hin, wo sie sich zu einem unpaaren Kanal vereinigen, dessen erster Abschnitt als Uterus ausgebildet ist.

Noch von Tulk wurde das Ovarium als ein kreisförmiges, in sich selbst zurücklaufendes Organ beschrieben, aus dessen vorderem Theile der Uterus als doppelter Sack entspränge. Die mikroskopische Untersuchung des Ringes lehrt jedoch sehr bald, dass das Ovarium nur die hintere Hälfte desselben einnimmt, während der vordere aus den oben beschriebenen Röhren besteht, die also bereits als Ausführungsgänge zu betrachten sind.

Ungefähr in der Mitte derselben tritt eine, nach den Ovidukten zu immer stärker werdende Ringmuskelschicht auf, die aus sehr feinen, sich öfters kreuzenden Fasern (0,006 mm Durchmesser) zusammengesetzt ist. Diese Fasern erreichen auf den eigentlichen Ovidukten, also dem Theil des Ringes, der zwischen den Haupttracheenstämmen und dem Uterus liegt, ihre Hauptentwicklung und größte Stärke (0,021—0,03 mm Durchmesser). Sie bedecken hier eine Längsfaserschicht, die der Tunica propria der Ovidukte unmittelbar aufliegt. Letztere ist mit einem sehr hohen Cylinderepithel (0,7—0,9 mm) ausgekleidet.

Während die Eier im Ovarium nur mit einer dünnen Dotterhaut ausgestattet sind, besitzen sie im Uterus bereits eine zweite Hülle, ein Chorion, das, wie auch Lomax hervorhebt, von den Epithelzellen des Oviduktes abgeschieden wird.

Der Uterus, bei unausgebildeten Weibchen nur als eine leichte Auftreibung des Oviduktes bemerkbar, ist zur Zeit der Turgescenz mit Eiern vollgepfropft und in Folge dessen mächtig angeschwollen, so dass die Leibeshöhle, welche vermöge der in der Bauchhaut angebrachten Falten einer großen Erweiterung fähig ist, eine beträchtliche Vergrößerung ihres Volumens erfährt. Der Druck auf die umliegenden Organe ist dann so groß, dass z. B. der Verdauungsapparat auf ein Minimum von Raum reducirt wird.

Der Uterus ist mit einer kräftigen Ringmuskelschicht und darunter liegenden Längsfasern ausgestattet und an seiner Innenfläche mit einem Epithel versehen, das die nämlichen Zellen producirt, wie ich sie bereits oben aus dem Vas deferens beschrieben habe.

Die Vagina, ein langer Kanal mit kräftig muskulösen Wandungen, verbindet den Uterus mit der Geschlechtsöffnung und ist an seinem Endabschnitt mit einem System von Chitinringen umgeben, das als Ovipositor funktionirt.

Die Muskularis dieser Scheide, die sich aus feinen Ringmuskelfasern und darunter liegenden, einzelnen Längsfasern zusammensetzt, umhüllt in einer Dicke von 0,4 mm eine Tunica propria von 0,007 mm Durchmesser, die mit einem Epithelium ausgekleidet ist. Die Zellen des letzteren, das mehr den Eindruck eines Platten- als den eines Cylinderepithels macht, messen zwischen 0,009 und 0,017 mm.

Der Ovipositor liegt im Ruhezustande, in seinen Scheiden eingeschlossen, in der Medianlinie auf der Unterseite des Körpers und wird von der Sternalplatte bedeckt, durch deren Wandung er bei manchen Arten in Folge seiner dunklen Pigmentirung hindurchschimmert.

Er erscheint auf Querschnitten flach eirund und setzt sich aus einem System von Chitinringen zusammen, die durch Einstülpung aus einer ursprünglich planen Chitinhülle hervorgegangen sind, welche der Ovipositor sehr junger Thiere noch deutlich zeigt. Die einzelnen Ringe stecken wie die Röhren eines Fernrohres in einander und sind durch dünnere, nach innen eingeschlagene Chitinstreifen verbunden. Jeder Ring ist mit einer Reihe langer Borsten ausgerüstet, die nach der Basis des Ovipositors zu, welche sehr undeutlich segmentirt erscheint, an Größe und Zahl abnehmen und schließlich ganz verschwinden. Die Chitinsegmente sind bei den meisten Arten, außer bei Megab. corniger und Leiob. rotundus, dunkel pigmentirt, während die Verbindungsstreifen derselben farblos erscheinen. Vorn endet der Ovipositor mit zwei Klappen, die wie die Backen einer Zange gegen einander beweglich sind. Jede derselben setzt sich aus drei Gliedern zusammen und trägt an ihrem vorderen Ende an der Außenseite ein als Bürste beschriebenes Organ, das beim Eierlegen als Tastapparat fungirt und mit den Nerven, die den Ovipositor versorgen, in Verbindung steht. Loman erwähnt darüber Folgendes:

»Binnen in den legboor laten zich deze zenuwdraden licht vervolgen tot in de Kleppen, waar zij eene kleine cellige aanzwelling vormen, die aan ieder borstelhaar eene fijne zenuw afgeeft. Ook het gadeslaan van een levend dier bij het eierleggen brengt ons tot de overtuiging, dat te top van den legboor werkelijk als tastorgan wordt gebruikt.«

Innen sind die Chitinringe mit einer kräftigen, aus parallel verlaufenden Längsfasern sich zusammensetzenden Muskellage ausgekleidet, die sich von der Basis des Ovipositors bis ins erste Furcalglied erstreckt. Die beiden letzten Gabelglieder entbehren der Muskeln und sind von einer großblasigen Bindegewebsmasse erfüllt.

Unter dieser Muskelhülle liegt die Vagina, die noch den nämlichen, bereits beschriebenen Bau zeigt und sich bis zur Basis der Furca fortsetzt. Hier bildet sie eine Art Vulva, die aus vier länglichen, konvex nach innen gewölbten und in eine Spitze auslaufenden Klappen besteht, die von der Basis des letzten Ovipositorgliedes bis an das Ende des ersten Furcalgliedes sich erstrecken. Dieselben setzen sich aus zwei Schichten zusammen, einer inneren, glashellen und ziemlich widerstandsfähigen Membran, der eine zweite Schicht innig angelagert ist (Matrix derselben?).

Diese Auskleidung des vorderen Vaginaabschnittes verhindert bei der Kopulation eine Verletzung desselben durch den spitzen und steifen Haken der männlichen Eichel.

Zu beiden Seiten münden in die Vulva die, bei den verschiedenen Species so different gestalteten und brauchbare Artunterschiede abwerfenden Receptacula seminis ein, und zwar gewöhnlich an der Basis des ersten Furcalgliedes. Bei Megabunus corniger, wo die Samentaschen eine, im Verhältnis zu denen anderer Arten enorme Länge erreichen (0,5 mm), enden sie bereits an der Basis des letzten Basalgliedes (ich nenne Basalglieder die Ringe des Ovipositor im Gegensatz zu den Furcalgliedern). Bei den Leiobunusarten, die in so vielen Beziehungen von Phalangium abweichen, liegen die Klappen der Vulva sowohl, wie die Receptacula seminis viel tiefer im Ovipositor. Sie reichen nur bis an das letzte Basale, wo auch die Samentaschen ausmünden. Aus diesem Grunde ist Leiobunus auch mit einer schmalen, eine gerade Fortsetzung des Peniskörpers bildenden Eichel versehen, die ein tieferes Eindringen des Penis in das weibliche Organ gestattet.

Die Vulva ist außer der Längsmuskulatur, die sich bis auf die Klappen fortsetzt, auch noch mit einem, von keinem meiner Vorgänger beobachteten Ringmuskel ausgestattet, der auch die, der Ausmündungsstelle zunächst gelegenen Abschnitte der Samentaschen umfasst.

Auf die physiologische Funktion dieses Muskels werde ich weiter unten, bei Besprechung der die Eibefruchtung begleitenden Vorgänge zurückkommen.

Der Ovipositor ist, wie der Penis, von zwei Scheiden umschlossen, die bei allen Arten wesentlich denselben Bau aufweisen.

Die innere Scheide besteht aus einer bindegewebigen (?), strukturlosen Membran, die in außerordentlich viele und äußerst feine Querfältchen (d. h. Falten parallel der Querachse des Ovipositor) und in eine geringere Anzahl größerer Längsfalten gelegt ist. Die Membran ist farblos und mit vielen Querreihen kleiner Dörnchen besetzt. Dieselben stehen in regelmäßigen Abständen sowohl in seitlicher, als in Längsrichtung und zwar so, dass die der hinteren Reihe auf die Mitte des Intervalls zwischen den Dörnchen der Vorderreihe eingerichtet sind. In Folge dieser Anordnung fallen die Dörnchen der ihrer Zahl nach geraden und die der ungeraden Reihen in eine Linie, parallel der Längsachse des Ovipositor.

Sie sind auf eigenthümliche Weise an der Bindegewebsmembran befestigt. Ihre Basis setzt sich nämlich nach beiden Seiten und nach vorn in geschwungene Anhänge fort, deren Enden auf der Membran fixirt sind. Im Zustande der Ruhe sind diese dreizackigen Klammern kontrahirt und die Membran desshalb in Längs- und Querfalten gelegt, und zwar entspricht die Zahl der Querfalten der Anzahl der Dörnchenreihen, welche die Scheide aufweist, und die der Längsfalten der Anzahl der Dörnchen, welche auf einer Querreihe angebracht sind. In der Ruhelage nimmt desshalb stets ein Dörnchen den Gipfelpunkt einer jeden Falte ein, auch rücken dieselben in Folge der Kontraktion von vorn nach hinten nahe auf einander und dann fallen, wie bereits erwähnt, die Dörnchen der alternirenden Querreihen in eine gerade Linie. Die Membran erscheint dann wegen der vielen Falten und der dichten Lage der Dörnchen sehr dunkel, wird sie aber ausgedehnt, so erweist sie sich farblos.

Ihre Textur bedingt auch ihre immense Dehnbarkeit, die ein Ausziehen auf mehr als ihre doppelte Länge ermöglicht. Hört jedoch die Spannung auf, so kehrt die Scheide plötzlich in ihre alte Lage zurück.

Im Zustande der Ruhe sind die Dörnchen nach innen und vorn

gerichtet, bei der Propulsion natürlich nach der entgegengesetzten Seite und Richtung. Die Scheide ist eine unmittelbare Fortsetzung der Chitinringe des Ovipositor und nach außen auf diesen zurückgeschlagen, wovon man sich leicht überzeugen kann, wenn man den Ovipositor mit der Pincette aus der Geschlechtsöffnung herauszieht und so eine künstliche Umstülpung bewirkt. Der vordere Theil der Scheide entbehrt der Dörnchen, die fast in einer geraden Linie abschneiden, und ist mit seinen Rändern mit der Unterlippe und dem vorderen Rande der Sternalplatte verwachsen. Seitlich setzt sie sich vorn in je eine Sehne fort, an welche sich ein Bündel kräftig quergestreifter Muskeln inserirt, das am Integument des ersten Abdominalsegmentes festgeheftet ist.

Die zweite, äußere Scheide ist muskulöser Natur und besteht aus zwei Schichten, einer unteren von Bindegewebe und einer oberen, die sich aus Längsmuskelfasern zusammensetzt. Der unteren Schicht, die im Mittel eine Stärke von 0,022 mm aufweist, sind parallel verlaufende, sehr feine Muskelfasern eingelagert, welche die Längsfasern des oberen Stratums senkrecht kreuzen. Sie sind jedoch nicht zu parallelen Faserbündeln aggregirt, sondern bilden eine kontinuirliche Lage.

Die Längsmuskelfasern der äußeren Schicht sind alle unter einander und auch mit der Längsachse des Ovipositor gleichlaufend, auch stehen sie mit der die Chitinringe auskleidenden Längsmuskulatur in unmittelbarer Verbindung.

In der Nähe des vorderen Endes des Ovipositor divergiren diese Muskelfasern nach außen und vereinigen sich zu den Protraktoren, die an ,den Seitenrändern der Sternalplatte, unmittelbar hinter dem Anheftungspunkt des Muskels der inneren Scheide inserirt sind.

Vorn sind die Enden der äußeren Scheide ebenfalls mit der Unterlippe und dem Rande der Sternalplatte verwachsen, während sie sich hinten nach innen auf sich selbst zurückschlagen und mit der Basis des Ovipositors in Verbindung stehen.

Eben daselbst inseriren sich auch die Retraktoren der Legeröhre, deren Fasern theilweise mit denen der Protraktoren verschmolzen sind.

Die Protraktoren sind bei den verschiedenen Species von verschiedener Stärke; bei Phal. pariet. und bei Megab. corniger z. B. ziemlich schwach, bei Leiobunus rotundus sehr kräftig entwickelt. Eben so schwankt der Ort ihres Fixirungspunktes im Bezug auf den Ovipositor. Er liegt bei Phal. pariet. nahe dem vorderen Ende der Legeröhre, bei Leiobunus rotundus in ihrer Mitte.

Die Ausstülpung des Ovipositor wird bewirkt durch die Protraktoren und die Kontraktion der Hautmuskulatur. Letztere muss dabei mitwirken, da die Protraktoren, die, wie Loman sehr richtig bemerkt, den ersten

Theil der Expulsion besorgen, also den Ovipositor aus der Ruhelage bringen, mit nach außen gebracht werden und so nicht allein die vollständige Ausstülpung zu Stande bringen können. Loman irrt jedoch, wenn er meint, dass die Hautmuskulatur allein die Legeröhre nicht aus der Ruhelage zu bringen vermöge, denn man wird doch nicht behaupten können, dass bei einer künstlich hervorgebrachten Expulsion, die durch einen leichten Druck auf das Abdomen erfolgt, das Thier seine Protraktoren mit in Thätigkeit setze.

Bei einer Ausstülpung, wie sie zum Zwecke der Eiablage erfolgt, liegt der eigentliche Ovipositor, dessen vordere Ringe stark gereckt sind, voran. Dann folgen die umgestülpten Scheiden und zwar so, dass die ursprünglich innen liegende, widerstandsfähige Scheide jetzt die äußere ist und so die darunterliegende muskulöse Hülle vor Beschädigungen schützt. Erstere erleidet die stärkste Dehnung in dem der Sternallippe zunächst gelegenen Theile. Sie erscheint desshalb farblos und durchsichtig, so dass man die Retraktoren, die auch mit nach außen gebracht werden, als zwei feine, weiße Fäden hindurchschimmern sieht.

Das Thier führt mit seinem ausgestülpten Ovipositor die mannigfaltigsten und komplicirtesten Bewegungen aus und sucht mit seinen als Tastapparate fungirenden Bürsten die für die Eiablage günstigsten Plätze aus. Die Eier werden einzeln oder auch haufenweise, meist ziemlich tief in die Erde gelegt, wohin sich das Weibchen mit Hilfe seines durch die elastische Membran vor Verletzung geschützten Legebohrers Zugang verschafft.

Was nun endlich die Befruchtung der Eier anbetrifft, so stimme ich nicht ganz mit Loman überein, sondern schließe mich mehr der Ansicht von Blanc an.

Denn obgleich die Eier bei ihrer Passage durch die Vagina bereits mit einem Chorion versehen sind, so ist dasselbe doch nicht hart, wie Loman meint, sondern noch sehr elastisch, wovon man sich bei Beobachtung eines Eier legenden Weibchens leicht überzeugen kann. Das Ei nimmt nämlich beim Durchgleiten durch die Vagina und den Ovipositor eine sehr lang-ovale Gestalt an, was doch ohne eine bedeutende Elasticität seiner Wandungen nicht möglich wäre. Passirt es dann die Ausmündungsgänge der beiden Receptacula seminis, so tritt aus diesen durch Kontraktion der sie theilweise umfassenden Ringmuskulatur (siehe oben) und vielleicht auch durch den Druck der gepressten Chitinringe, Sperma heraus, durchbohrt mit Hilfe der ihm eigenen Bewegung das elastische und sicher leicht permeable Chorion des Eies und die Befruchtung ist perfekt.

Eine Mikropyle, deren Vorhandensein Loman vermuthet, konnte ich nicht entdecken, auch ist die Gegenwart einer solchen nicht nothwendig und erscheint unwahrscheinlich, da das Ei in jeder beliebigen Achsenstellung die Vagina passiren kann; dann ist die Annahme einer großen Anzahl von Mikropylen erforderlich, wenn stets eine solche direkt an der Ausmündungsstelle der Samentaschen vorbeigleiten soll.

Die accessorischen Drüsen, die in den vorderen Abschnitt der Ovipositorscheiden einmünden, sind schwächer entwickelt als beim Männchen, zeigen aber sonst denselben Bau.

Systematisches.

Die Länge der Ovipositoren und mit ihr auch die Anzahl der sie zusammensetzenden Ringe ist nicht konstant bei den einzelnen Arten

a) Phalangium parietinum de Geer.

Ovipositor rinnenförmig, sehr dunkel pigmentirt. Die Ringe erscheinen stark nach vorn gewölbt, diejenigen zunächst der Basis sehr undeutlich konturirt und schwach gefärbt. Länge 5—5,5 mm (incl. Furca).

Furca kurz und gedrungen. Länge 0,74 mm.

Samentaschen schlauchförmig: 0,24 mm lang.

b) Megabunus corniger Meade.

Ovipositor nicht pigmentirt, mit breiter Furca, deren letztes Glied die doppelte Länge der vorhergehenden zeigt.

Länge des Ovipositors in toto $4^1/_4$ mm, Länge der Furca 0,6 mm.

Samentaschen schlauchförmig, sehr lang: 0,5 mm. Fig. 19.

c) Opilio albescens Koch.

Nur der vordere Theil des Ovipositor ist durchgehend pigmentirt. die hinteren Ringe nur am unteren Rande. Länge 6,3—6,5 mm.

Samentasche mit Ausbuchtungen (siehe Fig. 20). Länge 0,26 mm.

(Nach der Form der Receptacula und auch nach der Zeichnung der Männchen halte ich das Opilio albescens für eine Varietät von Phalangium urnigerum Meade.)

d) Leiobunus rotundus Latr.

Ovipositor nicht pigmentirt, mit kurzen Borsten, nach vorn konisch verlaufend. Länge 3—3,2 mm.

Furca schlank mit hohen Bürsten, deren Borsten farblos sind. Länge 0,74 mm.

Samentaschen kurz, von birnförmiger Gestalt. 0,125 mm.

e) Leiobunus longipes (Koch).

Ovipositor von brauner Farbe. Der nach innen geschlagene Theil der äußeren Scheide sehr lang. Länge 5—5,4 mm. Furca schlank und schmal mit sehr langen Borsten. Bürste hoch mit kurzen Tastborsten. Länge 0,7 mm. Samentaschen wie bei Leiob. rot. Länge 0,14 mm.

Die beiden Drüsen an den Seitenrändern des Cephalothorax, die KROHN (5) ausführlich beschreibt, über deren Funktion er aber keine Vermuthung ausspricht, werden von LOMAN nach Analogie der Gonyleptiden[1], als Stinkdrüsen in Anspruch genommen. Als Beweis für die Richtigkeit dieser Behauptung habe ich hinzuzufügen, dass Opilio albescens einen eigenthümlichen, fast aromatisch zu nennenden Geruch verbreitet, den ich diesen Drüsen, deren Ausführungsgang übrigens mit einem Spiralfaden versehen ist, zuschreibe, zumal ich Hautdrüsen bei ihnen nicht habe entdecken können. Die Nerven, die nach mehreren Beobachtern diese Thorakaldrüsen versorgen sollen, entspringen seitlich aus dem Brustganglion als ziemlich kräftige Stränge. Sie stehen jedoch mit denselben in gar keinem Zusammenhang, sondern setzen sich in das zweite Beinpaar fort, das wie bekannt, in ergiebigster Weise als Tastapparat gebraucht wird.

Die innere Skeletplatte, noch von TULK als ein Theil des Nervensystems beschrieben, wurde zuerst von LEYDIG (8) ihrer wahren Natur nach erkannt und als Insertionsfläche für eine große Anzahl von Muskeln hingestellt. Im Bezug auf die Lage dieser Platte, die mir eher aus einem modificirten (verkalkten) Bindegewebe zu bestehen scheint, als aus Chitin, ist jenem Forscher doch ein kleiner Irrthum unterlaufen. Ihr Mittelstück liegt nämlich nicht unter der Bauchganglienmasse, sondern auf der hinteren Schiefendfläche derselben.

Das bereits oben (p. 9) anlässlich der Beschreibung der MALPIGHIschen Säcke erwähnte Organ wird von einer dünnen Membran begrenzt und setzt sich aus polygonalen Zellen zusammen, die einen länglichen, zuweilen zackigen Kern aufweisen. Die größeren, randständigen Zellen haben homogenes, die mehr nach der Mitte zu gelegenen dagegen fein granulirtes Protoplasma.

Dieses Organ, das reichlich mit Tracheenenden versehen ist, beginnt in der Nähe der Stigmen und zieht sich unterhalb der seitlichen Blinddärme an der Außenseite der MALPIGHI'schen Säcke hin. In der Nähe der hinteren Ausläufer der inneren Skeletplatte theilt es sich in einen kräftigen

[1] Siehe SØRENSEN, Om Bygningen af Gonyleptiderne. — Naturhist. Tidsskrift 1879.

oberen und einen unteren Ast. Ersterer behält seine Lage unter dem Blindsack bei und lässt sich bis in das erste Hüftglied verfolgen, der andere senkt sich nach abwärts, der Geschlechtsöffnung zu, in deren Nähe er endet.

Ob dieses Gebilde ein specifisches Organ sei, wage ich nicht zu entscheiden, eben so wenig vermag ich über seine eventuelle physiologische Funktion eine Vermuthung auszusprechen.

Appendix.

Über zwei neue Gregarinenformen.

Der Darmkanal und vorzüglich die Blindsäcke der Phalangiden werden von Parasiten bewohnt, und zwar meist von Gregarinen. Einmal fand ich auch einen Nematoden, der mir aber entschlüpfte, ehe ich Zeit hatte, ihn näher zu untersuchen. Die Gregarinen, die ich antraf, lassen sich vielleicht den Stein'schen Genera Actinocephalus und Stylorhynchus unterordnen, obgleich sie noch andere, diesen Gattungen nicht zugeschriebene Eigenthümlichkeiten aufweisen. Die eine Species, die ich Actinocephalus fissidens benannt habe (Fig. 21), zeigt am Kopf zwölf gespaltene Hakenpaare und zwischen je zweien dieser Paare einen einfachen, stachelförmigen Dorn. Die andere Art. Stylorhynchus caudatus (Fig. 22), besitzt einen gestielten Kopf, der mit zwölf Erhebungen oder Leisten versehen ist, die über den Rand desselben hinausragen und sich theilen (Fig. 22 b). Diese Form ist außerdem mit einem dünnen, schwanzartigen Anhang versehen, der durch keine Scheidewand von dem eigentlichen Körper getrennt ist, jedoch auch keine einspringenden Konturen zeigt, die auf einen verstümmelten Zustand schließen ließen. Die Länge der ersten Form beträgt 2—3 mm, die der zweiten 2—2,5 mm excl. des schwanzförmigen Anhanges von 2—3 mm.

Diese Gregarinen liegen Kopf an Kopf gedrängt, bündelweise in den Blindsäcken, an deren Wandungen sie sich vermittels ihrer Hakenapparate befestigt haben. Zuweilen treten sie so massenhaft auf, dass sie den Tod ihrer Wirthe herbeiführen.

Leipzig, Ende Oktober 1881.

Erklärung der Abbildungen.

Tafel XLI und XLII.

Fig. 1. Schnitt durch den abwärtssteigenden Pharynx. Phalangium parietinum. $\times$ 54.

i. c, innere Chitinauskleidung; *a. c,* äußerer Chitinwall (Epipharynx);
r, Ringmuskulatur; *s,* Septum.
e, Erweiterungsmuskeln;

Fig. 2. Schnitt durch den Oesophagus innerhalb des Nervensystems. Phalangium pariet. $\times$ 54.

i. c, innere Cuticula; *a. m,* äußere Muskelhülle.
ma, Matrix derselben;

Fig. 3. Längsschnitt durch den Munddarm und das centrale Nervensystem. Phalang. pariet. $\times$ 40.

s, Septum; *P,* Pharynx;
ep, Epipharynx; *Oe,* Oesophagus;
l, Labrum; *Md,* Mitteldarm;
o. k, Oberkiefer; *B. G,* Bauchganglion;
u. k, Unterkiefer; *T. G,* Thorakalganglion;
lab, Labium; *Sp,* Speicheldrüsen;
st, Sternum; *P. D,* Penisdrüse;
M, Mundhöhle; *Ch,* Mittelstück der inneren Chitinplatte.

Fig. 4. Querschnitt durch den Blinddarm und Enddarm. Phalangium pariet. $\times$ 54.

b, Blinddarm; *l. m,* Längsmuskulatur;
Ed, Enddarm; *f. k,* Fettkörper;
T. p, Tunica propria; *z,* sich ablösende Zelle des Blinddarmes.
r. m, Ringmuskulatur;

Fig. 5. Querschnitt durch den Mitteldarm. Phalang. pariet. $\times$ 54.
    Bezeichnung wie bei Fig. 4.

Fig. 6. Sich ablösende Zelle des Mitteldarmes.

Fig. 7. Querschnitt durch Phalang. pariet. $\times$ 25. ♀.

b, Blinddarm; *e,* Eier;
Md, Mitteldarm; *ov,* Ovarium;
c, Herz; *z. o,* zelliges Organ;
m. g, MALPIGHI'sche Gefäße; *f. k,* Fettkörper;
m. s, MALPIGHI'sche Säcke; *op,* Ovipositor;
h. t, Haupttracheenstamm; *m,* Muskeln.
o, Ovidukt;

Fig. 8. Querschnitt durch Opilio albescens. ♀. $\times$ 25.

b, Blinddarm; *N,* Nervensystem;
St. d, Stinkdrüse; *n. o,* Nervus opticus;
z. O, zelliges Organ; *au,* Auge;
m. s, MALPIGHI'scher Sack; *op,* Ovipositor;
t, Tracheen; *bi,* Bindegewebe;
Oe, Oesophagus; *m,* Muskeln.

Fig. 9. Endstück des Penis und Eichel von Opilio albescens. ✕ 54.

d, Ductus ejaculatorius;   s, Sehne.

Fig. 10 und 11. Querschnitte durch den Penis von Leiobunus rotundus. ✕ 122.

pk, Peniskörper;   p. a, Plattenapparat.

Fig. 12. Querschnitt durch den Penis und seine Scheiden. Leiobunus rotundus. ✕ 122.

p, Penis;   i. ch, innere Chitinhülle;

d, Ductus ejaculatorius;   a. sch, äußere Scheide;

n, Nerven;   p. m, Protraktormuskeln.

t, Tracheen;

Fig. 13. Querschnitt durch den Penis und seine Scheiden von Megabunus corniger. ✕ 122.

ch. s, Chitinstab;   s, Sehne.

Fig. 14 und 15. Querschnitt durch den Penis und seine Scheide. Phalangium parietinum. ✕ 54.

P, Propulsionsorgan.

Fig. 16. Dasselbe. Opilio albescens. ✕ 54.

Fig. 17. Struktur der Chitinhülle des Penis. Leiobunus rotundus. ✕ 380.

Fig. 18. Querschnitt durch den Penis mit Platten. Phalangium pariet. ✕ 150.

Fig. 19. Samentasche von Megabunus corniger. ✕ 200.

Fig. 20. Samentasche von Opilio albescens. ✕ 200.

Fig. 21. Actinocephalus fissidens. ✕ 25.

b, Kopf desselben, vergrößert und von oben gesehen.

Fig. 22. Stylorhynchus caudatus. ✕ 25.

b, Kopf desselben, vergrößert.

VITA.

Ich, Richard Hans Theodor Rössler, wurde geboren am 14. December 1857 zu Freiberg in Sachsen. Ich besuchte erst die Bürgerschule, sodann das Gymnasium meiner Vaterstadt, das ich im Jahre 1872 verließ, um auf die Realschule 1. Ordnung daselbst überzugehen. An dieser Anstalt absolvirte ich Ostern 1877 das Maturitätsexamen und bezog dann die Universität Leipzig, um neuere Sprachen und Geographie zu studiren. Ich wendete mich jedoch, nachdem ich vom 1. Oktober 1878 bis 1. Oktober 1879 meiner Militärpflicht Genüge geleistet hatte, später dem Studium der Naturwissenschaften zu, und zwar beschäftigte ich mich vorzüglich mit Mineralogie und Zoologie. Ich besuchte Vorlesungen der Herren Professoren Credner, Drobisch, O. Delitsch, Hankel, Kolbe, Krehl, Leuckart, Loth, Masius, Mayer, Roscher, Schenk, Wiedemann, Wundt, Zirkel, Zöllner und Privatdocenten Chun, Fraisse, Luerssen und Trautmann. Außerdem arbeitete ich praktisch in den Laboratorien der Herren Professoren Leuckart, Wiedemann und Zirkel.

Druck von Breitkopf & Härtel in Leipzig.

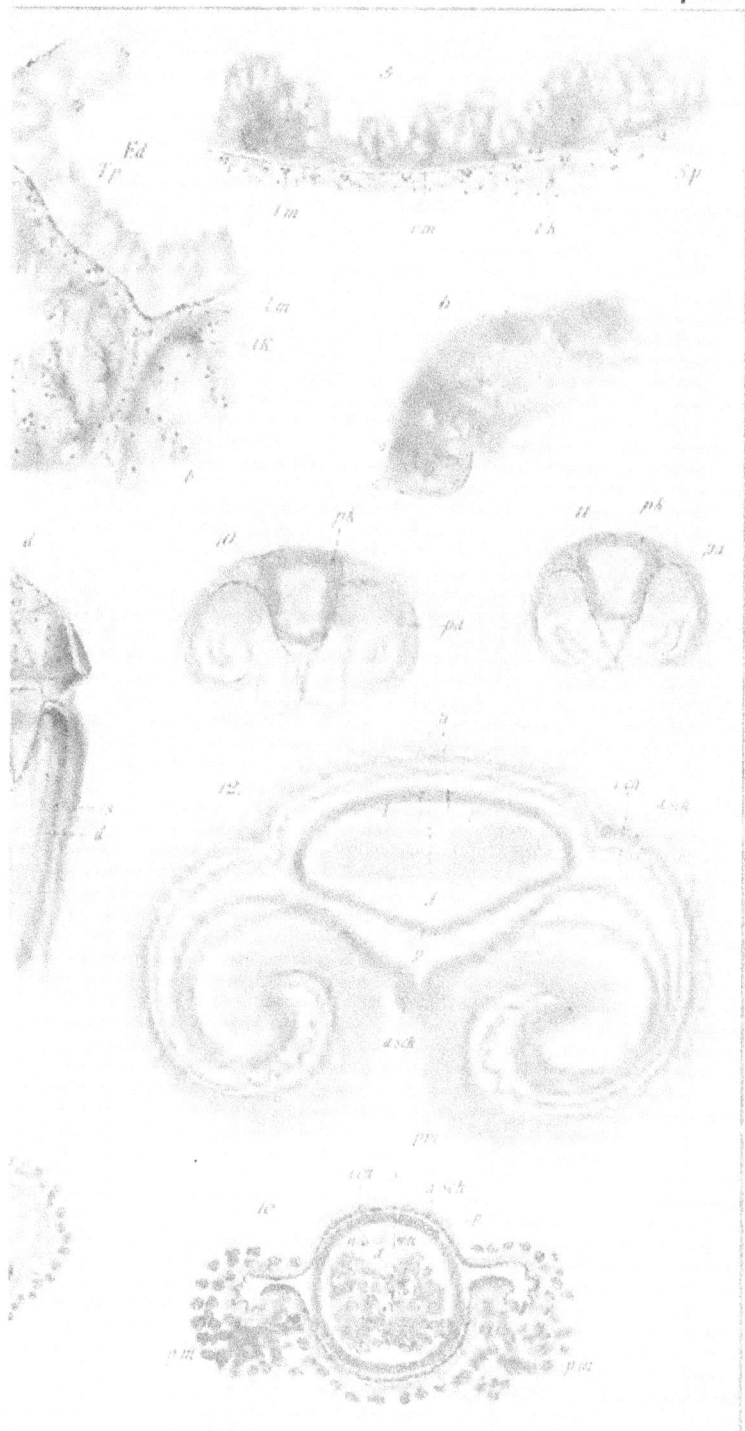

Lith Anst v Werner u Winter Frankfurt ªM.

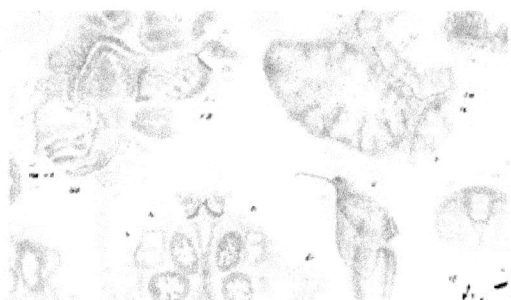

17.

18.

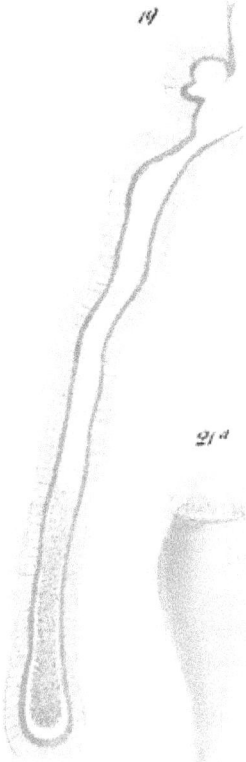

19.

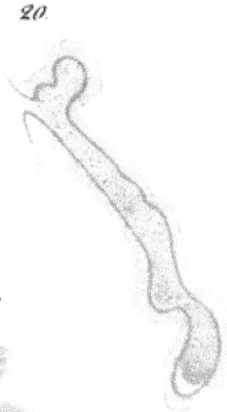

20.

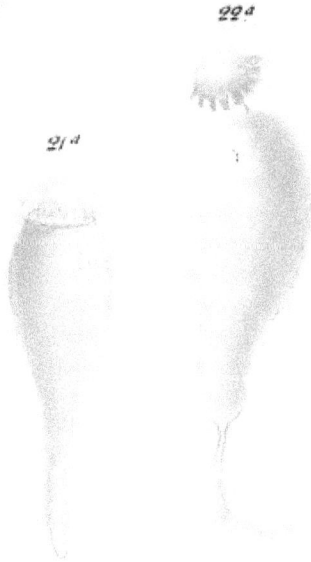

22ᵃ

21ᵈ

21.

22.